Les origines de la science moderne

Albert Dufourcq

Paris, 1913

© 2025, Albert Dufourcq (domaine public)
Édition : BoD · Books on Demand, 31 avenue Saint-Rémy, 57600 Forbach, bod@bod.fr
Impression : Libri Plureos GmbH, Friedensallee 273, 22763 Hamburg (Allemagne)
ISBN : 978-2-3224-9762-1
Dépôt légal : Juin 2025

LES ORIGINES

DE

LA SCIENCE MODERNE

D'APRÈS LES DÉCOUVERTES RÉCENTES

Les origines de la science sont moins connues que ses découvertes. Nous profitons de ses conquêtes, nous jouissons de ses bienfaits, sans nous occuper beaucoup de découvrir la source d'où ils découlent. Il n'y a cependant pas d'étude plus intéressante. En aucun domaine, le progrès humain n'est procuré par je ne sais quelle évolution spontanée et nécessaire. Il importe de connaître les conditions où il prend naissance, celles où il précipite son cours, pour orienter vers le mieux nos démarches futures. À ce titre, les travaux de M. Duhem doivent être estimés très haut : ils établissent, avec preuves à l'appui, que les principes sur lesquels repose la science moderne ont été formulés avant Newton, avant Descartes, avant Galilée, avant Copernic, avant Léonard lui-même, par les maîtres de l'université de Paris au cours du XIVe siècle[1].

I. — QUELLES SONT LES IDÉES ESSENTIELLES DE LA SCIENCE ARISTOTÉLICIENNE ?

De tous les systèmes qu'ont construits les Anciens, celui qu'organisa Aristote [384-322] semble avoir obtenu le plus de crédit et exercé le plus d'influence : nul doute qu'il ne représente le point d'arrivée d'une longue tradition, babylonienne autant qu'hellénique. Le monde est une grosse boule sphérique, limitée, hors de laquelle il n'est rien, dont la terre occupe le centre, et qui est constituée par huit autres sphères de grandeur croissante, toutes homocentriques : tels, certains jouets de nos enfans. Ces huit sphères creuses, emboîtées l'une dans l'autre, sont des corps solides porteurs des astres ; chacune est animée d'un mouvement circulaire et uniforme, qui l'entraîne autour de la terre ; comme le centre d'une sphère qui tourne est nécessairement immobile, il s'ensuit que l'absolue immobilité de la terre résulte des mouvemens des cieux, et que la terre est physiquement séparée des cieux. — Mais il faut noter encore que ceux-ci n'obéissent pas aux mêmes lois que celle-là : en un sens, le monde est double ; il est formé par l'assemblage de deux morceaux hétérogènes limités par l'orbe lunaire. Au-dessus, et tout autour de la terre, c'est le ciel, ce sont les astres, c'est-à-dire les dieux ; et la perfection de leur mystérieuse essence, comme elle les anime sans fin d'un mouvement circulaire, écarte d'eux à jamais la corruption et la mort. Au-dessous, et au milieu des sphères célestes, c'est la terre, ce sont les corps, tous composés par d'inégaux mélanges de quatre essences fondamentales[2], tous sujets à la génération et à la mort, tous entraînés par des mouvemens compliqués et imparfaits. Ce monde sublunaire est entièrement régi par les mouvemens des corps célestes.

Cette physique avait l'avantage de s'accorder solidement avec la métaphysique du Lycée ; elle s'accordait moins bien avec l'expérience. On s'aperçut bientôt que les astres errans ne demeuraient pas toujours à égale distance de la terre : que devenaient donc ces sphères solides, homocentriques, géocentriques, par où Aristote tentait d'expliquer le mouvement des astres ? Il fallait essayer d'autre chose.

Héraclide de Pont et Aristarque de Samos [vers 280 av. J.-C] renversèrent donc les données du Stagirite : à les entendre, c'était la terre qui remuait, et le soleil qui restait immobile ! Mais on refusa de les suivre : au jugement de tous, le soleil était un dieu, peut-être même était-il Dieu ; et l'on n'avait pas accoutumé de se le figurer au repos. Hipparque de Rhodes [vers 128 av. J.-C] et Ptolémée de Péluse [vers 145 après J.-C], — pour ne parler que de ces deux-là, — imaginèrent donc une troisième théorie, moins révolutionnaire : la terre continuait d'occuper le centre du monde ; quant aux inégalités du mouvement planétaire, on les expliquait en admettant que les planètes décrivent un épicycle, c'est-à-dire une circonférence dont le centre trace lui-même un cercle (excentrique) au monde ; du soleil, on croyait que son mouvement se peut représenter, soit par un épicycle roulant sur un cercle concentrique au monde, soit par une circonférence dont le centre ne coïncide pas avec le centre du monde.

Cette réforme de la science aristotélicienne laissait subsister le grand principe que le monde se compose de deux parties hétérogènes ; mais elle se complétait par ailleurs de vues toutes différentes. Aristote pratique avec un confiant dogmatisme ce qu'il appelle la méthode du physicien : il croit avoir saisi l'essence des choses célestes et il en déduit la nature de leurs mouvemens ; il n'éprouve aucun doute touchant la réalité objective de ces mouvemens et de cette essence. Hipparque, au contraire, et Ptolémée, suivant avec modestie la méthode de l'astronome et les leçons de Platon, ne croient plus pouvoir se représenter avec exactitude les mouvemens vrais que décrivent effectivement les astres ; partant des faits observés ils veulent remonter à leurs causes possibles ; leur ambition se borne à combiner, suivant les lois de la géométrie, des cercles et des mouvemens *hypothétiques*, de telle sorte que s'expliquent les phénomènes constatés, *que soient sauvées les apparences* ; à les entendre, ces mouvemens et ces cercles sont des *abstractions pures*, uniquement utiles aux astronomes, devenus capables, grâce à elles, de calculer les phénomènes célestes. « Les dieux (seuls) ont un plus sûr jugement. »

La science du monde sublunaire, — c'est notre terre que je veux dire, — était beaucoup moins avancée que l'astronomie, mais on lui attribuait une portée objective, une vérité absolue. L'optique naissait dans l'école d'Euclide [vers 320 av. J.-C] : celle-ci connaissait la loi de la réflexion et voulait déterminer la valeur de l'angle de réfraction par rapport à l'angle d'incidence. La dynamique était paralysée au berceau par cette étrange idée d'Aristote, que tout mobile est accompagné d'un moteur qui le touche sans se confondre avec lui : le moteur d'une flèche, c'est l'air qu'elle ébranle. Seule, la statique se développait quelque peu : un génie inconnu ébauchait le principe des vitesses virtuelles et tentait de ramener à la loi du levier l'explication de toutes les machines simples, tandis qu'Archimède [287-212] étudiait, en des œuvres immortelles, la notion de centre de gravité, l'équilibre des poids, l'équilibre des liquides et des corps flottans.

Voilà, esquissées dans leurs très grandes lignes, les conclusions de la science grecque ; voilà l'image que, pendant plus de mille ans, l'élite humaine se forma du monde ! Pendant près de mille ans [200-1277], on doit dire que la science ne progressa pas d'une ligne ; bien mieux, elle recula. Les chrétiens d'Orient, le plus souvent, en délaissaient l'étude : l'astronomie qu'ils connaissaient touchait de très près à l'astrologie[3] et au paganisme ; elle ne disait rien, en revanche, de ces eaux célestes dont parle la *Genèse*, I, 6-8 ; et beaucoup, oublieux des enseignemens d'Augustin, se sentaient tentés de demander à la Bible, non seulement la science du salut, mais celle encore du soleil. Les Arabes firent pis : avec Avempace [† 1138. Ibn Badja] et Aboubacer [† 1185. Aboubekr ibn Tofaïl], Averroès [†

1198. Ibn Rochd] et son ami Alpetragius [Abou Ishak ibn al Bitrogi], ils rejetèrent la réforme d'Hipparque et de Ptolémée et restaurèrent dans sa pureté originelle, son dogmatisme aventureux, son dédain de l'expérience, la science aristotélicienne. Grâce à Alpetragius surtout, Aristote recouvre son empire ; on estime qu'il a fondé et achevé la logique, la physique et la métaphysique. Je dis qu'il les a fondées, déclare Averroès, « parce que tous les ouvrages qui ont été écrits avant lui sur ces sciences ne valent pas la peine qu'on en parle… Je dis qu'il les a achevées, parce qu'aucun de ceux qui l'ont suivi… pendant près de quinze cents ans, n'a pu rien ajouter à ces écrits, ni y trouver une erreur de quelque importance. » Et, lorsque les Platon de Tivoli et les Jean de Luna, l'archevêque Raymond de Tolède et ses traducteurs, Hermann le Dalmate et Gérard de Crémone, Michel Scot, enfin, font passer de l'arabe en latin les œuvres d'Averroès, de Ptolémée et d'Aristote, les chrétiens d'Occident se courbent sous le joug que leur apporte l'Islam. Bien qu'ils voient les contradictions que l'expérience inflige au péripatétisme, les Albert le Grand et les Thomas d'Aquin, les Guillaume d'Auvergne et les Robert Grossetète eux-mêmes, les Bonaventure et les Bacon n'osent pas renoncer aux sphères homocentriques d'Al Bitrogi, d'Averroès et d'Aristote ; ils rejettent unanimement les excentriques et les épicycles de Ptolémée.

II. — QUELLES SONT LES IDÉES ESSENTIELLES DE LA SCIENCE PARISIENNE (1277-1377)

Puis, brusquement, en moins de cent années, l'empire qu'exerce Aristote s'effondre. En 1277, l'évêque de Paris, Étienne Tempier, condamne les thèses principales de sa physique, en même temps que ses dogmes métaphysiques ; en 1377, le chanoine de Rouen, Nicole Oresme (bientôt promu évêque de Lisieux) écrit un *Commentaire au Traité du Ciel*, où se lit une réfutation catégorique de l'astronomie du Lycée. Ces deux dates circonscrivent avec exactitude le siècle mémorable où s'élabore, sur les ruines de la Science aristotélicienne, la Science parisienne.

Cherchons d'abord à en déterminer les caractères ; nous verrons ensuite à en éclairer l'origine.

À l'encontre d'Aristote, les maîtres de l'Université de Paris enseignent les théories ptoléméennes des épicycles et excentriques, dont Bernard de Verdun a résolu les difficultés, — et que le seul objet des hypothèses scientifiques est de sauver les apparences, c'est-à-dire d'expliquer chaque phénomène constaté. La valeur de ces hypothèses, disent-ils, découle et dépend de leur rapport à l'expérience, non point du tout de leur rapport aux propriétés des essences. Ce n'est pas à la métaphysique à fonder la science. « Il suffit à l'astronome, déclare Jean de Jandun lui-même, de savoir ceci : si les épicycles et les excentriques existaient, les mouvemens célestes et les autres phénomènes se produiraient exactement comme ils se produisent ;… l'astronome n'a pas à se soucier du pourquoi (*unde*) ; pourvu qu'il ait le moyen de déterminer exactement les lieux et les mouvemens des planètes, il ne demande pas si cela provient ou non de l'existence *réelle* de tels orbites dans le ciel ; » cela ne le regarde pas.

À l'encontre d'Aristote, certains professeurs de Paris relèvent l'idée de saint Augustin et de saint Anselme ; qu'il n'est aucune différence essentielle entre la substance constitutive du ciel et celle dont la terre est formée. Selon Gilles de Rome, Duns Scot et Guillaume d'Ockam, on trouve, dans les corps célestes et les corps sublunaires, une matière de même nature. Selon Jean Buridan, les mouvemens des uns et des autres sont régis par les mêmes lois.

Et Buridan continue de s'opposer à Aristote : le mouvement des astres ne s'explique pas, dit-il, par l'action des intelligences qui leur sont unies. « Dès la création du monde. Dieu a mû les cieux de mouvemens identiques à ceux dont ils se meuvent actuellement ; il leur a imprimé alors des *impetus*, par lesquels ils continuent à être mus uniformément ; ces *impetus*, en effet, ne rencontrant aucune résistance qui leur soit contraire, ne sont jamais ni détruits ni affaiblis. » Voilà à jamais brisé le prestige divin des astres, que la science aristotélicienne avait tout bonnement consacré, et auquel savait si mal résister un saint Thomas d'Aquin. Et voilà posé du même coup, implicitement mais effectivement, ce principe de l'inertie qui supporte la dynamique de Galilée, et dont Descartes, puis Leibniz perfectionneront la formule : permanence de la force (*impetus*) que ne contrarient ni la résistance du milieu ni la gravité naturelle du mobile.

Buridan en aperçoit la fécondité : il en use, par exemple, pour expliquer, toujours à l'encontre d'Aristote, le mouvement des projectiles. Arrière la doctrine qui veut en rendre raison par l'action de l'air, moteur contigu au boulet et distinct de lui ; le véritable moteur du mobile n'est autre que la force (*impetus*) violemment déposée en lui par celui qui l'a lancé. Comme le mouvement des astres, le mouvement des projectiles dérive d'une « chiquenaude initiale. » Et Buridan précise admirablement : pour un mobile donné, déclare-t-il, l'*impetus* est d'autant plus grand que la vitesse communiquée à ce corps est plus grande ; et il ajoute : « en des mobiles différens, lancés à une même vitesse, les intensités de l'*impetus* sont entre elles comme les qualités de matière que renferment ces divers mobiles ; » c'est-à-dire que, à l'entendre, l'intensité de cette force est égale au produit de trois facteurs : « une fonction croissante de vitesse, le volume du corps, et une densité proportionnelle au poids spécifique. » Son illustre disciple, Albert de Saxe, accepte intégralement cette dynamique révolutionnaire : il l'enseigne, la propage, la précise même en certain point.

Tous deux en déduisent, peut-on croire, qu'Aristote rêvait donc en affirmant que la vitesse du mouvement violent commence par croître. Tous deux en déduisent, — mais il semble qu'ici Albert ait insuffisamment compris ou à demi rejeté la pensée de son maître, — que l'accélération de la chute des graves est due à un *impetus* qui s'ajoute à la pesanteur du mobile et qui s'accroît sans cesse : les diverses théories aristotéliciennes sont aussi fausses que celles qui leur sont opposées. En revanche, Albert seul étudie la distribution des vitesses, précise comment, d'une partie à l'autre d'un mobile, varie la vitesse en un mouvement difforme et comment, en un mouvement irrégulier, la vitesse varie d'un instant à l'autre. La cinématique surgit, dont Aristote n'avait pas idée.

De même, une nouvelle théorie du mouvement apparaît. Si l'on continue, avec Aristote, à montrer le lieu d'un corps en la partie contiguë du milieu qui contient ce corps et le protège, on refuse d'accorder l'immobilité au lieu ainsi défini et l'on n'emploie plus cette notion de lieu contigu pour décrire le mouvement local. L'élément fixe que postule la pensée pour comprendre celui-ci n'est pas davantage un solide concret ; — on cesse donc de démontrer par le mouvement du ciel l'immobilité de la terre : — ce repère fixe est, pensent les Scotistes, l'*ubi* du mobile, j'entends l'espace vide qu'il comble, sa position par rapport à d'autres corps, soit réels, soit idéaux. Quant au mouvement, il apparaît aux disciples de Duns Scot, à Jean le Chanoine par exemple, comme une continuité réelle, un écoulement effectif, *forma fluens, ens continuativum* ; pareillement, le temps objectif, véritable durée fluente. Et la pensée, croit-on, altère nécessairement l'essence de l'un et de l'autre dès qu'elle tâche à les comprendre : elle leur substitue des séries d'états distincts, *esse discretum,* qui n'ont qu'une valeur conceptuelle et correspondent à *l'esse continuativum* sans lui être identiques[4].

Touchant la pesanteur, les Maîtres Parisiens sont divisés par un grave désaccord. Au dire du Stagirite et de Themistius son disciple, c'est une qualité inhérente au corps et par laquelle celui-ci tend vers son lieu naturel, où sa forme atteint sa perfection, où sa propre conservation est le mieux assurée. (Qui sait si le concept de *lieu naturel* n'a pas été tiré par voie de généralisation de l'idée de *santé ?*) Certains docteurs de Paris acceptent cette théorie : Albert de Saxe en déduit que chaque grave « *désire* » s'unir au centre du monde ; qu'en tout grave formant une individualité, il se trouve un centre de gravité, et que, en toute chute libre, c'est ce centre de gravité qui « tend » à rejoindre le centre du monde. Puis, donnant à sa pensée un développement inattendu, et qui va exercer sur la science une influence considérable, « *la terre se meut,* » prétend-il, car son centre de gravité désire constamment se placer au centre du monde ; or la position du centre de gravité change sans cesse, en raison de l'érosion produite par les fleuves qui creusent les vallées ou comblent les mers. S'émancipant alors du Stagirite, Albert de Saxe insiste sur l'importance de l'eau dans le modelage de la surface de la terre ; contre Avicenne même, il spécifie exactement son rôle niveleur en lui opposant le soulèvement lent des terres immergées. — Mais Buridan, et quelques autres, très peu nombreux à ce qu'il semble, rejettent ces théories : le centre de la terre, disent-ils, le centre du monde, comme les points, les lignes, les surfaces, tout cela n'a rien de positif, ni de réel ; on n'y doit voir que des concepts abstraits, dénués de propriétés physiques ; imaginer que les diverses parties de la terre

« tendent » vers un centre commun, que les diverses parties du monde « désirent » se placer en un centre commun, que ces deux centres communs coïncident, *ce géocentrisme radical leur paraît rêverie mythologique, et creuse.* La pluralité des mondes est chose possible. Il est faux, en revanche, prétendent-ils, de nier avec Aristote la possibilité d'une action à distance : la doctrine de l'*impetus* nous dispose à comprendre le phénomène de l'*attraction* ; et l'expérience de l'aimant aspirant le fer en démontre la réalité.

Ces idées anti-péripatéticiennes sont reprises et développées par Nicole Oresme. Voici, clairement formulé par lui, le principe de la théorie parisienne de la pesanteur : « L'ordenance naturèle des choses pesantes et des légières est telle que les pesantes toutes, selon ce qu'il est possible, soient au milieu des légières, *sans déterminer à elles aucun lieu immobile.* » On devine les conséquences d'un pareil principe. « La pesanteur de la terre n'exige plus, comme en la physique d'Aristote, que la terre demeure immobile au centre du monde ; entourée de ses élémens dont les plus légers enveloppent les plus lourds, elle peut se mouvoir dans l'espace à la manière d'une planète ; et, d'autre part, rien n'empêche que chaque planète ne soit formée par une terre grave qu'environnent une eau, un air, un feu analogues aux nôtres. La doctrine nouvelle permet de comparer entre elles la terre et les planètes, ce que la théorie du Lycée interdisait d'une manière rigoureuse. » En celles-ci comme en celle-là, le mouvement naturel d'un corps le porte à rejoindre l'élément auquel il appartient.

De cette mécanique, Oresme déduit *qu'il est hautement fantaisiste d'affirmer l'immobilité de la terre*. Il n'est pas d'expérience, il n'est pas de raisonnement qui la puisse démontrer ; l'Écriture n'oblige aucunement à l'admettre ; au contraire, que « de belles persuasions à montrer que la terre est meue du mouvement journal, et le ciel, non[5]. » Un même corps peut prendre naturellement deux mouvemens simples… Contre l'objection des Aristotéliciens, Oresme explique comment les corps *semblent* tomber selon la verticale : il admet que leur mouvement se compose d'une chute suivant la verticale et d'une rotation diurne, toute semblable à celle de la terre. — Et voilà rejetée, en même temps que la théorie d'Aristote, la théorie d'Hipparque et de Ptolémée !… La théorie héliocentrique redevient possible.

Mais Nicole Oresme n'a pas été seulement, mieux encore qu'Albert de Saxe, le précurseur de Copernic, « il a été aussi le précurseur de Descartes et le précurseur de Galilée ; il a inventé la géométrie analytique, il a établi la loi des espaces qu'un mobile parcourt en un mouvement varié. » Il s'inspire de cette idée strictement anti-aristotélicienne que Duns Scot, Jean de Bassols et Grégoire de Rimini ont développée avec vigueur : aucune distinction tranchée ne doit être établie entre la catégorie de la qualité et la catégorie de la quantité ; l'accroissement d'une qualité est assimilable à l'augmentation d'une quantité. Il en tire ce corollaire de si grave conséquence : « *l'intensité d'une qualité est susceptible de mesure*, aussi bien que la grandeur d'une quantité ; » l'arithmétique calculera les *latitudes* de celle-là aussi bien que les degrés de celle-ci. Et il représente *graphiquement*, à l'aide de deux coordonnées rectangulaires, les variations d'une propriété mesurable ; même, il aperçoit l'équivalence « qui fait correspondre l'une à l'autre une certaine représentation graphique et une certaine relation algébrique entre les valeurs simultanément variables de la longitude et de la latitude. » En même temps et dans le même livre, il reconnaît la loi qui fait croître avec le temps la longueur du chemin parcouru par un mobile doué d'un mouvement uniformément varié, et la démonstration qu'il en donne est textuellement cette *démonstration du triangle* que retrouvera Galilée et qui deviendra si fameuse au cours du XVIIe siècle.

Les maîtres de Paris, enfin, rejettent la thèse d'Aristote que la grandeur infinie est irréalisable parce que contradictoire. Pour Buridan et Albert de Saxe, Dieu peut parfaitement produire une grandeur qui croisse au delà de toute limite, comme il peut indéfiniment diviser un continu quelconque en parties dont la grandeur finisse par tomber au delà de toute limite. Quelques-uns même, tel Grégoire de Rimini, veulent que Dieu puisse créer un volume absolument et infiniment infini…

III. — QUELLE FUT L'ORIGINE DE LA SCIENCE PARISIENNE ?
(1049-1377)

Les hommes qui ont lancé de telles idées, à la même époque (1277-1377), dans la même université (Paris), peuvent ne les avoir pas aperçues toutes ensemble ; ils peuvent avoir conservé dans leur système telle ou telle notion chère à Aristote ; ces révolutionnaires de la pensée peuvent nous apparaître tout d'un coup étrangement timides et péripatéticiennement conservateurs : le fait n'a rien qui doive surprendre, ni qui puisse tromper. Les plus puissans novateurs payent souvent un involontaire tribut aux puissances qu'ils attaquent. Et il reste clair pour tous que, du formidable système autrefois forgé par le précepteur d'Alexandre, il ne subsiste plus que des morceaux. Comme une plage assiégée par le flot montant voit la mer la cerner, s'insinuer parmi ses sables, sourdre çà et là en flaques grandissantes qui se rejoignent peu à peu et finissent par la submerger toute, — ainsi la Science aristotélicienne a vu contester bruyamment, puis rejeter tumultueusement ses principes essentiels et ses théories particulières ; sa disparition complète n'est plus qu'une affaire de temps.

Voilà le fait. — Comment s'explique-t-il ?

La Science aristotélicienne a été démolie, la Science parisienne a été construite par l'action combinée de deux forces, l'esprit d'observation, la foi chrétienne.

L'essor de l'esprit d'observation est attesté en Occident, lors de la grande Renaissance du XIIe siècle, par l'apparition de la science des poids *(Scientia de Ponderibus).* Un géomètre de génie dont nous savons le nom, Jordanus de Nemore, et dont nous pouvons soupçonner qu'il travaillait en Angleterre, détermine, avec autant de concision que d'élégance, la notion de gravité *secundum situm* ; il entrevoit la méthode infinitésimale, il invente la méthode des travaux virtuels et justifie par là la loi d'équilibre du levier ! Un de ses disciples, qu'on peut appeler Jordan le Jeune, continue ses géniales découvertes ; il prouve la loi d'équilibre du levier coudé et résout de façon irréprochable le problème du plan incliné.

L'optique progresse du même pas ; le franciscain anglais John Peckham (1228-1291) résume le traité d'Alhazen qu'étudiait passionnément Bacon, au moment où le Polonais Witelo, ou Witek, compose sur les mêmes matières un gros livre (1270), demeuré classique jusqu'à Kepler. Trente ans plus tard, le dominicain Thierry de Freiberg imagine de très ingénieuses expériences, découvre que les rayons qui nous font voir l'arc-en-ciel se sont réfléchis à l'intérieur des gouttes d'eau sphériques ; il réussit même à tracer avec exactitude la marche des rayons qui constituent les deux arcs.

Et le magnétisme ne reste pas en arrière de l'optique ni de la statique. Pierre de Maricourt (Petrus Peregrinus) excelle à enchaîner sûrement le raisonnement et l'observation ; il sait très précisément décrire l'aimantation permanente du fer, les propriétés des pôles magnétiques, les actions que ces pôles exercent les uns sur les autres, l'influence que la terre leur fait éprouver (1269).

Cependant, les astronomes s'acharnent à observer les phénomènes célestes, et ils réfléchissent sur leurs nouvelles conquêtes. Guillaume de Saint-Cloud sait mesurer (1290), avec une exactitude minutieuse, l'obliquité de l'écliptique et la date de l'équinoxe du printemps ; il déniche les erreurs qui déparent les *Tables de Tolède* établies par Al Zarkali. Le roi de Castille, Alphonse X le Savant, groupe un collège d'astronomes qui expliquent à leur façon la précession des équinoxes ; leurs *Tables Alphonsines* fournissent leur point de départ aux observateurs parisiens de la première moitié du XIVe siècle, tels que Jean de Linières ou Jean de Saxe.

« Maîtres des poids » et opticiens, magnéticiens et astronomes, ces quatre groupes de savans, dont Jordan de Nemore et Thierry de Freiberg, Pierre de Maricourt et Alphonse de Castille représentent symboliquement l'effort, — ils ont tous accumulé patiemment, au cours du XIIe et du XIIIe siècle, une foule de données heurtant de mille manières les thèses du Stagirite. Et c'est à l'expérience qu'ils les doivent ; et l'expérience, j'insiste sur ce fait, les amène à concevoir un type de certitude tel qu'ils ne peuvent plus renoncer à ce qu'ils ont vu, touché, mesuré, compris, bien que les dogmes d'Aristote leur conseillent cette attitude, et quel que puisse être par ailleurs le prestige d'Aristote et de son commentateur. — Voilà la première force qui a brisé le péripatétisme.

Voici la seconde. La foi chrétienne ne paraît pas s'accommoder aisément de ce puissant système. Beaucoup de Pères de l'Église, qui pourtant sont des Grecs, lui témoignent une hostilité non dissimulée : il a soutenu l'offensive arienne contre la foi traditionnelle ; il pousse les esprits à exiger, en théologie, des précisions difficiles, dangereuses. Plus tard, lors de la résurrection du christianisme et de la civilisation en Occident, au temps de Grégoire VII et de saint Bernard (1049-1153), l'Église tolère bien sa logique, mais elle condamne avec insistance sa métaphysique et sa physique en 1210, en 1213, en 1263 : le 7 mars 1277, je le rappelle, l'évêque de Paris, Étienne Tempier, anathématise explicitement plus de 200 propositions où tout l'Aristotélisme était contenu. Tempier et ses amis se posaient en champions de *l'omnipotence divine.* Une religion où sont enseignés comme dogmes vénérables non seulement la création *ex nihilo,* mais encore la miraculeuse naissance et la résurrection de Jésus, la transsubstantiation des espèces eucharistiques, la possibilité du miracle, saurait-elle ne pas tenir très fort à l'omnipotence de Dieu ? Or, de cette notion, que fait Aristote ? Elle ne lui est jamais entrée dans l'esprit ; elle ne pouvait pas lui entrer dans l'esprit. Son système exclut d'abord, absolument, toute idée de Dieu personnel : condensation des idées platoniciennes, son Dieu, pensée de la pensée, n'est au vrai que le type inconscient du monde, auquel celui-ci aspire et qu'il tend à réaliser. Les tendances profondes de l'esprit grec, si vivaces en notre philosophe, le condamnent, ensuite, à ne pas concevoir autre chose que le mesuré, le limité, le fini. En vertu de postulats qu'il pose, il décrète *qu'il ne peut y avoir qu'un seul* monde, que ce monde unique est fini en acte et *même en puissance,* que ce monde ne peut se mouvoir en ligne droite, que son centre *doit* être immobile, que le vide *ne peut exister...*

L'aristotélisme est gros de nombreuses thèses de ce genre. Entre ces thèses et la thèse chrétienne de l'omnipotence divine, il y a contradiction formelle. À la suite de Guillaume d'Auvergne et d'Étienne Tempier, on discerne tout un groupe de penseurs que cette contradiction frappe, et qui s'acharnent à la mettre en lumière : ce sont des franciscains anglais, dont je ne citerai ici que les deux plus caractéristiques, Richard de Middletown et le fameux Guillaume d'Ockam. Rudes logiciens, chrétiens intransigeans, ils éprouvent je ne sais quelle allégresse, chaque fois qu'ils rencontrent une idée chère au Stagirite, à lui opposer la contradictoire[6].

Cette double poussée des *croyans* protestant au nom de la foi, des *observateurs* protestant au nom de l'expérience, jette à terre la Science Aristotélicienne et suscite cette Science Parisienne dont on a dit les dogmes fondamentaux. Il convient de mettre en lumière ce que l'on peut apercevoir de la figure des trois hommes qui réussirent à mener le grand œuvre à terme.

Ces trois hommes sont trois prêtres séculiers de l'Église de France.

Jean Buridan paraît aussi fameux dans la légende qu'il mérite de le devenir dans l'histoire. Villon en fait le complice de Jeanne de Bourgogne, femme de Philippe le Long, en ses débauches de la Tour de Nesle :

> L'histoire dit que Buridan
> Fut jeté en un sac en Seine.

Et l'on sait quel parti tira Dumas de cette donnée. La vérité est que Buridan naquit à Béthune vers l'an 1300 au plus tard ; recteur de l'université de Paris en 1327 déjà, il reçut vers 1329-1330 la cure d'Illies au diocèse d'Arras ; de nouveau recteur à Paris en 1340, il fut nommé chanoine d'Arras le 19 juin 1342, « alors qu'il enseignait à Paris les livres de la Physique, de la Métaphysique et de la Morale. » En 1344, l'université le députe auprès du roi, afin d'être dispensée de la gabelle ; en août-octobre 1348, il est nommé par l'évêque de Paris, à la demande de l'université, chapelain de Saint-André-des-Arcs ; toujours, du reste, il apparaît comme le représentant de la nation picarde. Un fait atteste le prestige dont il est entouré : les nations anglaise et picarde le choisissent comme arbitre d'un de leurs différends ; à partir de cette date, juillet 1358, on perd sa trace. Selon toutes les vraisemblances, il est mort paisiblement en cette université où il a conquis tant de gloire.

L'acte de 1358 où, pour la dernière fois, se lit la signature de Buridan, montre à ses côtés son jeune et glorieux disciple, Albert de Saxe. Comme Hugues de Saint-Victor, comme bien d'autres, Albert est un Saxon né à Helmtaedt, au duché de Brunswick, sans doute aux environs de 1320 : il vient à Paris, subit la *déterminance* en 1351, sous maître Albert de Bohême, conquiert cette même année la *licentia docendi* et débute aussitôt comme maître es arts. Lorsque s'ouvre l'année 1352, nous le trouvons procureur de la nation anglaise ; lorsque se ferme l'année 1353, il vient d'être nommé recteur de l'université et d'être admis à l'unanimité à la maison de Sorbonne. Rien ne prouve qu'il ait reçu le bonnet de docteur en théologie ; pourtant son zèle le pousse à faire des cours supplémentaires. « En 1355, il est autorisé, à partir de la fête de Noël, à donner lecture d'un livre d'Aristote à l'heure des nones de la Sainte Vierge ; en 1356, il lui est permis de faire des leçons, en son propre domicile, sur le livre de philosophie morale qui lui plaira le mieux, les jours de fête, après sermon ; en 1358, il demande à faire, les jours fériés, une leçon sur la *Politique* d'Aristote. » En 1352, 54, 55, 58, 59, il préside aux examens. En 1352 et en 1355, il est de ceux qui établissent, en ce qui concerne sa nation, le *rôle* par lequel l'université fait connaître à la papauté l'état du personnel enseignant. En 1354, il est chargé, en même temps que quatre collègues, de déterminer dans quelles conditions les étudians auront remise de leurs droits d'examen. Nommé de nouveau recteur, en 1358, il obtient, pour son frère Jean, qui retourne au pays, avec le titre de maître es arts, la remise de certains droits. En 1359, il avance quelque argent à la nation anglaise. En octobre 1361, l'assemblée générale de cette nation lui confère à l'unanimité, sur sa demande, la cure des Saints Côme et Damien, qui dépend de l'université. En 1368, il enseigne encore à Paris. Qu'est-il devenu dès lors, on ne le saurait dire ; du moins peut-on croire qu'il est distinct d'Albert de Ricmerstorp nommé le 21 octobre 1366 évêque d'Halberstadt, après avoir été recteur de Paris en 1363. Tout indique que l'illustre disciple de Buridan resta aussi fidèle que son maître à la ville qui avait vu naître sa gloire. Au début du XVIᵉ siècle, Georges Lockert devait réunir en une collection leurs principaux écrits : elle fut deux fois éditée à Paris, en 1516 et en 1518, par Badius Ascensius et Gonradus Resch.

Buridan de Béthune et Albert de Saxe étaient de simples « artistes : » leur génial successeur, Nicole Oresme, est au contraire un théologien très savant. Normand du diocèse de Bayeux, c'est la théologie qu'il vient étudier à Paris en 1348, — sans doute est-il né vers 1330. — Grand maître du collège de Navarre en 1356, il est reçu maître en théologie avant 1362, date de son entrée comme chanoine au chapitre de Rouen. Ses confrères l'élisent doyen le 18 mars 1364 ; le roi et le pape le nomment évêque de Lisieux, 3 août 1377 ; il meurt tranquillement dans sa ville épiscopale le 11 juillet 1382. C'était, dans la France de Charles V, un très grand personnage. Le roi a tenu à assister à son sacre ; il lui a confié les missions les plus délicates ; il s'intéresse à ses travaux ; il accepte de lui des conseils touchant le gouvernement du royaume et les droits réciproques des sujets et du prince ; peut-être, du reste, a-t-il fait ses études sous sa direction. Je ne vois que Bureau de la Rivière ou les frères de Dormans dont l'influence ait pu balancer l'influence d'Oresme à l'hôtel Saint-Paul et au Louvre.

De ces trois puissans génies, rapprochons encore deux figures de haut relief, Thémon le fils du Juif, qui enseigne à Paris en même temps qu'Albert de Saxe, et Grégoire de Rimini, lequel devient, un an avant sa mort, 1356, général des Ermites de Saint-Augustin. Joignons-y la troupe des *minores*, les Jean de Bassols, les Burley, les Durand, les Baconthorp, les Holkot ; nous aurons cité, autant qu'on le peut faire aujourd'hui, les principaux artisans de la révolution scientifique. Tous se font gloire d'obéir tout ensemble et aux leçons de l'expérience et aux enseignemens de la foi.

IV. — QUELLE FUT L'INFLUENCE DE LA SCIENCE PARISIENNE ?
(1377-1519)

Rien de plus curieux que la soudaine poussée de la Science parisienne ; rien, assurément,… si ce n'est peut-être son apparent arrêt au cours des cent cinquante années qui suivent le *Traité du Ciel* de Nicole Oresme. En vain chercherez-vous à Paris la lignée de Buridan : Marsile d'Inghen à la fin du XIVe siècle, Buridan le jeune, Pierre d'Ailly et Gerson qui enseignent au début du XVe siècle, Pierre Tataret, Jean Majoris et Dullaert, les frères Coronel, Celaya et Lax qui tiennent leur place vers 1500-1520 conservent souvent, sans doute, les doctrines de leurs grands ancêtres, notamment la dynamique de l'*impetus* et l'idée que la théorie physique doit seulement et prudemment viser à *sauver les apparences*. — Ils ne sont pas de taille à les faire fructifier : il n'y a qu'à voir comment un Majoris, un Dullaert ou un Celaya soutiennent les thèses infinitistes de Grégoire de Rimini pour mesurer la distance qui, des disciples, sépare les maîtres. Parfois même reviennent-ils tout à fait à Aristote : tels, le franciscain Nicolas de Orbellis et le dominicain Jean Versoris !

Quel écart, encore, entre le prestige de l'Université de Paris au milieu du XIVe siècle et la situation qui est la sienne cent ans plus tard : quelle déchéance ! Le grand schisme [1378-1448] signifie avec brutalité l'effort à demi victorieux des royautés nationales pour profiter du discrédit de la papauté et régenter l'Église universelle ; cet effort entraîne le demi-démembrement de celle-ci ; et la France, qui porte une si lourde responsabilité en cette affaire, en pâtit plus qu'aucune autre. L'Université de Paris cesse d'être le cerveau de la chrétienté, la lumière du monde : elle s'abaisse au rang d'une université nationale ! Et les atroces guerres civiles des Armagnacs et des Bourguignons, les désastres et les humiliations de la guerre anglaise, les pilleries des Routiers, la désolation universelle, tout concourt à en diminuer la puissance et à en atténuer l'éclat.

Il faut sortir de France pour trouver des représentans de la Science parisienne dignes du triumvirat génial de ses fondateurs. En 1378, lorsque la royauté de Paris, profitant de la criminelle lâcheté de quelques cardinaux, s'essaye à disputer à la nation italienne, qui l'a su reconquérir, la possession et l'exploitation de la papauté, beaucoup de maîtres de l'Université hésitent à obéir ; la pression à laquelle ils sont en butte, si elle fait céder, un temps, le plus grand nombre, révolte quelques-uns, qui en prennent occasion pour partir. Ainsi quittent notre sol Marsile d'Inghen et Henri de Hesse. Marsile a été recteur ; c'est, aux environs de 1380, le professeur de Paris le plus en vue ; il s'établit en la jeune université de Heidelberg. Henri de

Hesse joue un rôle analogue, sans doute même plus considérable, à l'université de Vienne que fondent alors les Habsbourg. Par eux se répandent en Allemagne les doctrines élaborées par Buridan et ses disciples ; elles y prospèrent bientôt. À Ingolstadt, par exemple, et à Tübingen, Frédéric Sunezel et surtout C. Summenhard enseignent, vers 1500, la dynamique de l'*impetus*. À Vienne, Georges de Peurbach (1423-1461) et son élève Jean Müller de Kœnigsberg (1436-1476) continuent l'effort des astronomes parisiens. La *théorie des Planètes* du premier présente sous une forme synthétique et déductive la doctrine de l'*Almageste* ; le système de Ptolémée inspire ses recherches et celles de ses élèves ; ils construisent des appareils, calculent des tables et des éphémérides, constatent peu à peu que, si le système des épicycles et des excentriques est préférable à la théorie des sphères homocentriques, il s'en faut qu'il sauve *toutes* les apparences et explique *tous* les phénomènes ; ils en viennent à chercher autre chose. Ils osent même abandonner la réserve d'Hipparque et de saint Augustin ; et, oubliant que, d'un même phénomène, plusieurs systèmes divergens peuvent également rendre compte, ils veulent voir dans l'exacte superposition d'une théorie donnée à des observations constatées un critère de vérité absolue. — D'autres, il est vrai, n'hésitent pas, en revanche, à rendre à Ptolémée le même culte idolâtrique que recevait autrefois Aristote[Z].

Parmi les disciples que recruta en Allemagne la Science parisienne, nul ne saurait être comparé à Nicolas de Cues. Né au petit village de ce nom, sur la rive droite de la Moselle, au diocèse de Trêves, le jeune homme va étudier à l'université de Heidelberg en 1416 ; le droit, la théologie, les sciences l'attirent ; son érudition, sa vertu le mettent hors de pair. Devenu archidiacre de Liège, il n'hésite pas à se ranger aux côtés des papes dans la bataille que leur livrent, sous le couvert de l'idée conciliaire, l'orgueil et l'ambition des princes. Eugène IV, Nicolas V, Pie II l'emploient souvent au cours de leur œuvre réformatrice : en décembre 1448, il est nommé cardinal du titre de Saint-Pierre-aux-Liens ; en mars 1450, évêque de Brixen. Chassé par les moines tyroliens dont il veut restaurer les mœurs, il meurt en exil à Todi, 11 août 1464. Ce réformateur intransigeant était un libre disciple de Platon et de saint Augustin, du pseudo-Aréopagite et de saint Anselme : en toute créature il cherchait, et trouvait, une image, à peu près reconnaissable, du Dieu Triple et Un. On devine que le Péripatétisme ne dut pas longtemps le charmer : la logique même lui en avait déplu ; il avait assis la sienne, et tout son système, sur le principe de l'identité des contraires. Il accepte donc les théories parisiennes, notamment celles de l'*impetus* et du mouvement diurne de la terre : Dieu a donné aux mondes la chiquenaude initiale. Ces mondes sont multiples : le soleil et les étoiles ont reçu une nature très analogue à celle de notre globe ; tous les corps tendent à se réunir à leurs élémens constitutifs, et cette tendance, comme l'a vu Oresme, est leur mouvement naturel ; les plus légers se disposent au-dessus des plus lourds, le mouvement du tout tendant vers le circulaire et toute figure aspirant à la forme sphérique. Notre science abstraite n'a, du reste, qu'une valeur relative : elle ne saisit pas l'indivisible et infinie Vérité.

Nicolas de Cues avait étudié à Padoue aussi bien qu'à Heidelberg ; ici et là, il avait également pu se familiariser avec les doctrines de Buridan et d'Albert de Saxe ; durant le cours du XVe siècle, l'Italie s'offrait à celles-ci comme l'Allemagne. Mais il est constant que, si les Italiens les connurent aussi bien que les Allemands, ils hésitèrent beaucoup plus à les suivre. Était-ce l'orgueil de leur passé et comme une espèce de piété filiale qui les retenait ? Était-ce une autre cause ? Le fait est que, dès le début du XIVe siècle, l'université de Padoue passait pour le champion d'Aristote et du Commentateur, pour la place forte de l'*Averroïsme*, comme on disait depuis quelque cinquante ans. Blaise Pelacani de Parme († 1416) cherche à concilier avec le Péripatétisme la statique des Jordan. Le fameux ermite de Saint-Augustin qui rédigea le plus répandu des traités de philosophie, Paul Nicoletti de Venise († 1429), hésite parfois entre « l'opinion moderne » et la théorie des anciens ; mais c'est le système d'Albert de Saxe qu'il suit en général. Son disciple Gaëtan de Thiène († 1465) explique comme Buridan le mouvement des projectiles, mais non pas la chute accélérée des graves. Nicolò Vernias enfin et Alessandro Achillini (1463-1512) rejettent le plus souvent les doctrines de Paris et celles mêmes de Ptolémée pour soutenir celles du Stagirite et d'Averroès : ils négligent d'étudier la chute accélérée des graves ; ils s'ingénient, en revanche, a expliquer des faits inexistans, par exemple l'accélération des projectiles au début de leur course. Ils abandonnent en général la théorie parisienne qui refuse toute valeur absolue aux théories physiques : si Pontano (1426-1503) et Silvestre de Prierio (1515) lui restent fidèles, Achillini et Capuano restaurent, au profit de théories contradictoires du reste, l'objectivisme dogmatique du Lycée.

C'est à cette tradition corrompue que puise l'homme extraordinaire qui dispute à Nicolas de Cues l'honneur d'apparaître comme le plus génial disciple des Maîtres parisiens : je veux dire Léonard de Vinci (1452-1519). Le peintre italien, comme le « cardinal Allemand, » prolonge, et fait fructifier, l'effort des chercheurs français. On commet la plus grave erreur en voyant en lui un autodidacte : nul n'étudia plus passionnément les travaux de ses devanciers, ceux notamment de Nicolas de Cues, d'Albert de Saxe et des Jordan ; observateur sagace, méditatif obstiné, il fécondait leurs théories les unes par les autres ; pourquoi faut-il que le poids de certaines erreurs averroïstes ait paralysé l'essor de sa pensée ?

Voici les principales théories qu'il recueille et précise. De la statique des Jordan il déduit la loi de composition des forces concourantes, de celle d'Albert de Saxe la loi du polygone de sustentation et le centre de gravité du tétraèdre ; même, il découvre la loi d'équilibre de deux liquides de densités différentes en des tubes communicans, et aperçoit peut-être la loi hydrostatique dite de Pascal. La dynamique de l'*impetus* et de la loi d'inertie emporte son assentiment ; mais c'est par l'action du milieu qu'il veut expliquer, avec Aristote, l'accélération de la chute des graves. Il affirme que la vitesse d'un corps qui tombe librement est proportionnelle à la durée de la chute, mais il ne sait pas fixer le rapport de celle-ci au chemin parcouru. Avec beaucoup de bonheur, d'autre part, il tire des principes de Buridan que le vol des oiseaux ne saurait être comparé à la natation des poissons, qu'il est une alternative de chutes et de rebondissemens dus à la force élastique de l'air. Enfin il admet les théories de Nicolas de Cues touchant l'économie de l'univers, celles de Nicole Oresme touchant la pesanteur et le mouvement diurne de la terre, celles d'Albert de Saxe touchant l'érosion et la géogénie : ses observations très sagaces au sujet des fossiles font de lui le créateur de la stratigraphie.

V. — QUELLES FURENT LES VICISSITUDES ET LES VICTOIRES DE LA SCIENCE PARISIENNE (1519-1631)

Nicolas de Cues et Léonard de Vinci, assumant la tâche que les maîtres de Paris auraient dû remplir, ont empêché de disparaître et souvent fait fructifier les principes de cette Science parisienne qu'ont formulés ou aperçus Buridan, Albert de Saxe, Nicole Oresme. De ce triumvirat à jamais glorieux dans l'histoire de la Science, j'aime à rapprocher un autre, aussi illustre : Copernic, Képler, Galilée reprennent ses théories, les développent, et, en quelque cent ans aussi, achèvent la définitive ruine de la Science Aristotélicienne.

Aujourd'hui pas plus qu'hier, on le devine, ce progrès ne s'accomplit en ligne droite. Le prestige inouï dont les Arabes, puis les Chrétiens de l'âge féodal, ont entouré la mémoire du Stagirite, s'accroît encore. Les Humanistes rendent grâces aux dieux de ce que les « Anciens » leur ont rappris le secret de la valeur artistique des œuvres littéraires ; ils les portent aux nues, et, un zèle aveugle les poussant à des généralisations indiscrètes, c'est leur *science* et leur *art* qu'ils prétendent canoniser au même titre que leur littérature ! Ils poursuivent de leur mépris tout ce qu'ont inventé « les Modernes. »

Averroès lui-même devient suspect : il n'est pas assez ancien ! Il ne peut pas être un sûr interprète d'Aristote ! Pompanace [1462-1526] remonte donc jusqu'au temps de saint Irénée : il fait hommage intellectuel à Alexandre d'Aphrodisias ; l'école *alexandriste* se fonde. Et les Alexandristes, et les Humanistes « bon teint, » et ces « Modernistes » honteux que sont les Averroïstes houspillent Ptolémée d'un commun accord, insistent sur les erreurs qu'il a commises, relèvent les thèses sacro-saintes du péripatétisme originel. Agostino Nifo [1473-1538] et Girolamo Fracastor [1483-1553], Amico [1536] et Delfino [1559] soutiennent avec enthousiasme l'astronomie des sphères homocentriques. En même temps que l'hypothèse des épicycles, voici rejetée celle de l'*impetus* : le mouvement du projectile s'explique par l'action du moteur contigu, c'est-à-dire de l'air ambiant. Plus fortement que jamais, on assure que le mouvement du projectile commence par s'accélérer.

La « moderne » statique des Jordan est attaquée comme la dynamique « moderne » de Buridan et d'Oresme : c'est le grand nom d'Archimède qui couvre ici cette sotte besogne. Tartaglia [1500-1557] publie, comme sienne, la traduction du *Traité des Corps flottans* qu'a donnée l'ami de saint Thomas, Guillaume de Moerbeke ; Commandin d'Urbin [1509-1575] fait connaître à la même heure les livres de Héron d'Alexandrie, d'autres encore, ceux de Pappus. Comme Pappus, Héron, Archimède ignorent le principe des déplacemens virtuels, il est donc clair que ce principe est erroné : les Jordan se sont trompés en croyant le découvrir… Ainsi s'explique la pauvreté des théories statiques d'un Guidobaldo del Monte ou d'un Giovanni Battista Benedetti [1530-1590].

Par bonheur, l'influence de ces réactionnaires fut combattue et refoulée par de vigoureux esprits. Tartaglia et Cardan se détestaient ; peut-être étaient-ils aussi malhonnêtes l'un que l'autre ; il est sûr, à tout le moins, que, sagement éclectiques, ils surent accueillir certaines idées des Jordan et de Léonard, tout en adoptant les méthodes mathématiques d'Archimède. Commandin réussit à déterminer le centre de gravité de divers solides. Simon Stevin de Bruges [1548-1620], surtout, ne croit pas que l'admiration d'Archimède lui commande le dédain de Léonard et des Jordan : il recouvre leurs communes conquêtes, notamment la loi d'équilibre du levier. Il démontre l'impossibilité du mouvement perpétuel et en déduit la loi d'équilibre d'un grave sur un plan incliné ; enfin ses merveilleux calculs déterminent très précisément la grandeur et le point d'application de la pression que supporte la paroi inclinée d'un vase de la part du liquide qu'il contient.

Pareillement, la dynamique se réveille. Un maître encore inconnu, dont le dominicain D. Soto [1494-1560] propage la doctrine à Alcala de Hénarès, puis à Salamanque, sait rapprocher les lois découvertes par Oresme et par Léonard, et montrer que le chemin parcouru en un mouvement uniformément varié est le même qu'en un mouvement uniforme de même durée, ayant pour vitesse la vitesse moyenne du premier. Soto lui-même remet en honneur l'idée parisienne qu'il y a proportion entre la vitesse de chute d'un grave et le temps de la chute. Scaliger [1484-1588], le célèbre jésuite Vasquez [1551-1604], Benedetti expliquent la chute accélérée des graves par l'accroissement continuel d'un *impetus* déposé en eux par la pesanteur ; c'est par le conflit d'un *impetus* analogue avec la gravité que Soto, Tartagiia et Cardan rendent compte du mouvement des projectiles, tandis que Giordano Bruno, se guidant sur N. Oresme, imagine une force composée de ce genre pour faire comprendre comment le mouvement de la terre n'empêche pas un grave de paraître tomber selon la verticale.

L'astronomie ne reste pas en arrière. Les polémiques furieuses où s'opposent Aristotéliciens de toute nuance et Ptoléméens de tous pays entraînent sans doute ce fâcheux résultat que le dogmatisme des uns et des autres s'exaspère, qu'ils abandonnent les uns et les autres la théorie relativiste des Maîtres parisiens que recommandaient par ailleurs un saint Augustin et un Hipparque : ils oublient presque tous qu'un même phénomène peut recevoir deux explications équivalentes et distinctes ; ils affirment presque tous que l'astronome peut atteindre et doit décrire la réalité objective en la déduisant de la métaphysique[8]. — Mais le conflit passionné des deux écoles, parce qu'il finit par mettre en lumière les lacunes et les erreurs de chacune, invite plusieurs savans à inventer un troisième système. Vers 1530, le protonotaire apostolique Celio Calcagnini développe l'idée des Parisiens que la terre tourne en un jour d'Occident en Orient, entraînée par un *impetus* que Dieu lui a communiqué lors de la création et auquel rien ne met obstacle ; il imagine encore en elle deux autres mouvemens oscillatoires, afin d'expliquer la précession des équinoxes et le flux des marées[9]. Une trentaine d'années avant lui, un jeune Polonais, Nicolas Copernic, traversait l'Europe pour venir en Italie recueillir l'enseignement des maîtres de Bologne et de Padoue, de Ferrare et de Rome ; sans doute y trouva-t-il l'occasion de se familiariser avec les idées de Léonard et de l'École Parisienne. Ce qui est sûr, c'est que ce sont ces mêmes idées qui reparaissent, développées, en son immortel chef-d'œuvre : De *revolutionibus cœlestium libri sex*[10]. Elles ont été expliquées dès 1539 en la *Narratio Prima* de son élève Joachim Rhaeticus [1514-1576].

D'Aristote, Copernic retient cette idée que l'univers est une sphère finie et que tous les mouvemens des corps célestes sont uniformes et circulaires. Mais c'est de la Science Parisienne qu'il dépend surtout : avec elle, il affirme et le mouvement diurne de la terre autour de son axe incliné sur l'écliptique, et la rotation de cet axe autour d'un autre qui est conçu comme normal à l'écliptique ; de la même manière qu'elle, plus précisément à la mode d'Oresme, il admet l'*impetus*, il explique la nature de la pesanteur, l'accélération de la chute des graves, la théorie des planètes conçues comme des mondes analogues à la terre et à peu près indépendans. Son invention géniale, enfin, consiste à restaurer l'idée héliocentrique d'Aristarque de Samos : il affirme l'immobilité du ciel et du soleil, son centre, et il gratifie la terre d'un troisième mouvement, qui lui fait décrire un cercle excentrique au soleil dans le plan de l'écliptique. Mais il ne craint pas de renier parfois la tradition de Paris et de saint Augustin : il n'imagine pas qu'une même dynamique puisse régir les corps terrestres et les corps célestes ; il ne veut pas suivre Albert de Saxe et admettre un unique centre du monde auquel tendent tous les centres de gravité ; il se persuade que ses hypothèses cinématiques ont une portée objective, une réalité physique, une vérité absolue !

On ne saurait trop insister sur l'importance de cette dernière théorie : le centre de gravité des controverses astronomiques et scientifiques s'en trouva du coup déplacé. *Il s'est agi, jusqu'à ce jour, en Occident,* depuis que la déchéance de l'université de Paris au moment du grand schisme a privé la Science Parisienne de ses champions légitimes, *de savoir quel système d'hypothèses s'accordait le mieux avec l'expérience, c'est-à-dire avec les phénomènes astronomiques* que l'on détaillait avec une minutie toujours croissante. Il s'agira, désormais, de montrer *quel système s'accorde le mieux avec la réalité objective, telle que l'a constituée Dieu. Hier c'était le relativisme, c'est aujourd'hui le réalisme qui règne dans l'esprit des savans.* Les écrits de Capuano et d'Achillini, de Nifo et de Fracastor, l'œuvre de Copernic enfin permettent de suivre cette révolution.

La cause en est triple. C'est d'abord le succès des théories de Ptolémée, presque universellement confirmé par quatorze siècles d'observations et d'expériences ; la confiance qu'elles inspirent aux astronomes se laisse apercevoir à la forme nouvelle, synthétique et déductive, sous laquelle Peurbach les présente. — L'idolâtrie d'Aristote, pieusement transmise à travers les siècles par l'école averroïste, surexcitée encore par la ferveur des humanistes, favorise aussi la diffusion d'un tour d'esprit dogmatiste et simpliste. — Pourquoi ne pas ajouter, enfin, qu'un certain affaiblissement de la pensée chrétienne à cet âge a souvent concouru avec les deux influences qu'on a dites ; pour beaucoup de savans il semble que tout problème se pose alors en forme de dilemme, que Dieu n'ait jamais eu le choix qu'entre deux hypothèses seulement, et que l'expérience révèle laquelle des deux il a choisie et réalisée[11] L'esprit, scientifiquement si fécond, de la génération de 1277, parait mort.

La conséquence de la résurrection du dogmatisme fut que la doctrine copernicaine se vit bientôt discutée du point de vue métaphysique.

Du point de vue scientifique, ses adversaires avaient désarmé de bonne heure : tant il était évident qu'elle sauvait mieux les apparences, qu'elle s'accordait mieux avec l'expérience, qu'elle expliquait mieux les phénomènes, que l'Aristotélisme et le Ptoléméisme. Ceux mêmes qui demeurent fidèles à la cosmologie ancienne et continuent d'affirmer l'immobilité de la terre, fondent leurs calculs sur les idées du chanoine de Thorn : tel Erasme Reinhold qui construit les *Prutenicae tabulae*, 1551, qui contribue grandement, par là, à propager le nouveau système, et qui « n'y croit pas ! » Tels, encore, Schreckenfuchs et Wursteisen en Allemagne, Piccolomini et Gesalpini, Giuntini et Benedetti, Grégoire XIII et la commission du calendrier [1582], en Italie. Pour ne pas renoncer tout à fait au géocentrisme séculaire. Aristotéliciens et Ptoléméens recourent donc, maintenant que l'expérience se retourne contre eux, à cette théorie relativiste des Parisiens qu'ils abandonnaient si allègrement, à qui mieux mieux, au début du XVIe siècle ! La préface d'Osiander par où s'ouvrait le livre de Copernic, et qui le présentait avec adresse sous le couvert de cette théorie, les invitait du reste, implicitement mais effectivement, à suivre cette tactique.

Mais, du point de vue métaphysique, Copernic est âprement combattu. Ses prétentions réalistes, trop imparfaitement voilées, provoquaient, il faut le reconnaître, les tendances qui prévalaient. Et beaucoup de ses disciples, plus francs ou plus maladroits qu'Osiander, les accentuaient souvent : tel, Giordano Bruno [1550-1600]. L'attitude des Luthériens, enfin, compliqua étrangement l'affaire : appuyés ostensiblement sur la Bible, ils ne pouvaient faire moins que de prendre son parti ; et n'était-il pas visible qu'elle supposait l'immobilité de la terre et le mouvement du soleil ? Oubliant quelle prudence saint Augustin prêche en ces matières, Luther ouvre donc le feu, il attaque l'héliocentrisme. Mélanchton et Peucer viennent à la rescousse [1549-1571] ; un grand astronome luthérien, le Danois Tycho-Brahé [1546-1601], se propose explicitement d'accorder avec l'immobilité de la terre, retenue comme un dogme, les calculs de Copernic, retenus à titre d'hypothèses commodes ; en 1595, le sénat de l'université luthérienne de Tübingen adopte une attitude encore plus rigoureuse. Par la voix de Tycho-Brahé, l'Église luthérienne signifie qu'une hypothèse, pour être acceptée, doit s'accorder avec Aristote et avec l'Écriture aussi bien qu'avec l'expérience [1578]. — Trois ans plus tard, le jésuite Clavius adopte sa doctrine [1581] ; sans doute craint-il de paraître moins soucieux que l'adversaire de l'honneur de l'Écriture ! Peut-être eût-il mieux fait de se rappeler les conseils de saint Augustin et la doctrine de ces très orthodoxes évêques et prêtres qui avaient fondé la Science Parisienne.

Il s'agit donc, pour les Copernicains, de remporter la victoire, si j'ose ainsi dire, sur le champ de bataille de la cosmologie et de la métaphysique, comme ils l'ont gagnée déjà dans le domaine de la science pure, au point de vue de l'expérience. Diego de Salamanque s'y efforce, qui recherche tous les textes bibliques favorables au mouvement de la terre [1584]. Et telle est, très certainement, la tâche que s'assigne Galilée [1564-1642]. Sa mécanique tend à fonder son astronomie ; son incontestable génie mathématique, heureusement servi par l'usage qu'il sait faire d'une puissante lunette afin d'étudier les astres, utilise plusieurs idées très fécondes de l'École parisienne ; mais la dynamique d'Aristote l'entrave trop souvent encore. Il combine avec celle-ci le principe des déplacemens virtuels et la notion d'un *impeto* proportionnel à la vitesse du mobile ; il sait découvrir que la chute d'un grave est uniformément accélérée, mais ne voit pas quel parti tirer de la théorie de l'*impetus* pour rendre raison du fait. Il retrouve, pour établir la loi du chemin parcouru par le grave, la démonstration du triangle de Nicole Oresme ; il étend la loi de la chute libre des graves à la chute des corps le long d'un plan incliné ; il accepte la notion parisienne de la loi d'inertie ; il explique la chute d'un grave lancé horizontalement, et indique, d'après Oresme, comment la rotation de la terre n'empêche pas les corps de paraître tomber selon la verticale ; il imagine enfin d'admirables expériences sur les oscillations du pendule et ouvre par là à la mécanique des perspectives nouvelles. Mais, toujours, c'est à prouver la vérité *objective* de la thèse copernicaine que tend son effort. Aperçoit-il les deux planètes des Médicis, il montre qu'elles jouent à côté de Jupiter le rôle de la Lune près de la Terre ; s'occupe-t-il des marées, il prétend rendre raison de leur flux par l'action de la force centrifuge développée sur la Terre par la rotation terrestre ; découvre-t-il les taches du Soleil et les montagnes de la Lune, il y voit la preuve que les corps célestes sont analogues aux nôtres, comme le veulent Buridan et Copernic. Il s'improvise théologien pour convertir les princesses et les consulteurs du Saint-Office ; et ce grand génie affiche une pauvreté surprenante pour établir le dogme qui lui tient si fort au cœur : *il n'y a et il n'y aura jamais que deux hypothèses aptes à expliquer les apparences astronomiques, celle de Ptolémée et celle de Copernic ; comme l'expérience établit que la première est fausse, il s'ensuit nécessairement que la seconde est vraie, objectivement,* κατὰ φύσιν. Galilée postule que le monde géométrique, où le raisonnement par l'absurde est de mise, est identique à tout le donné ! Et quelle idée bizarre se forge ce chrétien de la toute-puissance de Dieu ! Malheureusement pour lui, malheureusement pour la Science, j'ajoute : malheureusement pour l'Église, le Saint-Office acceptait à la légère la théorie *luthérienne et averroïste* que recommandait Aristote et semblait recommander la Bible : il oubliait l'évêque de Lisieux et le

« cardinal allemand » pour prôner le géocentrisme ! Il condamnait Galilée à deux reprises, 1616 et 1633. Et, *les deux fois,* — c'est ici que cette lamentable histoire devient piquante, — l'Église catholique ne condamnait l'héliocentrisme *copernicain qu'en tant que Galilée lui attribuait une valeur physique objective.* Le 12 avril 1615, Bellarmin spécifie très précisément ce point dans sa lettre à Foscarini ; pareillement, après 1616, le cardinal Barberini discutant avec Galilée lui-même[12]. Il est piquant de remarquer que, quant au point débattu, la science de l'an de grâce 1912 se croit radicalement incapable de reprendre à son compte les affirmations objectivistes du génial Italien, et recommande aux savans la même prudence que… Bellarmin.

Le luthérien Képler [1571-1631] était copernicain, et réaliste, aussi convaincu que le catholique Galilée ; il fut, aussi bien que celui-ci, condamné par son Église ; il travailla, aussi glorieusement, à développer et affermir la doctrine de Copernic. Remettant en honneur l'idée parisienne, méconnue par son maître et mal comprise de Galilée, qu'une même dynamique régit le monde sublunaire et le monde des astres, il constitue la mécanique céleste. En même temps que du système d'Oresme et de Copernic, c'est de celui de Gilbert[13] qu'il part : il admet avec celui-ci que le soleil entraîne les planètes en sa course comme un cheval fait d'un manège, et que l'action qu'il déploie sur elles est normale au rayon vecteur qui les relie à son centre ; il étudie de près leurs mouvemens et formule leur rythme en trois lois mémorables. Surtout, réfléchissant à l'influence de notre soleil sur les astres errans, il relève une thèse chère à Albert de Saxe et critique l'idée, commune à Galilée et à Copernic comme à la plupart des Parisiens, que chaque astre constitue un monde à peu près indépendant, maintenu et régi en toutes ses parties par une gravité à lui propre. *Aux multiples attractions astrales il substitue l'attraction universelle*, aux mondes multiples le monde un. Toute masse matérielle, dit-il, tend vers une autre masse matérielle : et peu importe de quel astre l'une et l'autre viennent ; une masse placée entre deux astres tend vers le plus gros et le plus proche, lors même qu'elle n'en a jamais fait partie. Et le mystérieux phénomène des marées, sur lequel on a tant écrit, n'est qu'un cas particulier de cette attraction générale *unique*. Seulement, ces vues géniales sont compliquées d'hypothèses hésitantes : plus encore que la dynamique de Galilée, la dynamique de Képler s'éloigne souvent des doctrines parisiennes pour s'empêtrer dans le péripatétisme. Les irrégularités des mouvemens planétaires sont expliquées par des tourbillons formés dans le fluide éthéré par la rotation du soleil ; l'immobilité de leur direction est rattachée aux propriétés aimantiques de leur axe. Et cette astronomie s'intègre en une physique, dont elle n'est que la troisième partie, laquelle conduit à une métaphysique qui donne jour elle-même sur une théologie… : le tout étant paré par l'auteur d'une vérité physique, objective, absolue[14].

Alors parut Descartes. La brutale clarté de son génie organisateur fît évanouir les ombres qui obscurcissaient encore la doctrine dont Buridan, Albert de Saxe, Nicole Oresme avaient jeté les bases ; — Nicolas de Cues et Léonard sauvé l'esprit ; — Copernic, Galilée, Képler dessiné le corps. Il n'entre pas dans notre dessein de suivre cette histoire nouvelle : les grandes lignes en sont plus généralement connues. Sans doute convient-il davantage de noter, en terminant, les deux pensées qui nous venaient à l'esprit tandis que nous étudiions l'œuvre, inconnue hier encore, des « initiateurs. »

Cette œuvre nous enseigne dans quelles conditions s'opèrent les conquêtes de la pensée ; elle nous révèle avec précision ses faiblesses et ses ressources. Les régressions constatées au XVIe siècle témoignent une fois de plus que le progrès ne s'accomplit pas en ligne droite ; les découvertes dont le XIVe siècle s'enorgueillit attestent une fois encore quelle longue et lente élaboration prépare ses victoires, en apparence les plus subites. Cette histoire donnera donc à beaucoup une leçon de sérieux. On parle souvent, aujourd'hui, du schématisme de la pensée abstraite. Que ne travaille-t-on, d'abord, à n'en pas exagérer les superficialités ou les inexactitudes en simplifiant notre représentation du passé au delà du point où nous réduisent et les lois de l'esprit et les hasards qui présidèrent à la conservation des documens. Comment juger une histoire de la métaphysique que l'on couperait de l'histoire de la physique ; une histoire du point de vue relativiste, qui ne s'appuierait pas sur l'histoire de la théorie astronomique ; une histoire de la pensée humaine où l'on sauterait à pieds joints de Plotin à Descartes ? Les découvertes dont on a ici donné une rapide esquisse n'indiquent-elles pas que de telles simplifications peuvent s'appeler d'involontaires, mais très certaines falsifications !

Cette œuvre enseigne encore combien est erronée la tradition qui confond en un bloc l'âge des désordres seigneuriaux avec l'époque organisatrice de la féodalité, et oppose « le Moyen Age » à « la Renaissance. » Sans doute, ses tenans n'osaient plus montrer dans l'art gothique un art barbare, ni dans la civilisation des XIIe-XIIIe siècles un pur régime d'arbitraire et de fanatisme. Mais du moins pouvaient-ils, jusqu'aux travaux de M. Duhem, fonder l'opposition de ces deux époques sur leur diverse attitude à l'égard de la méthode expérimentale, et caractériser sommairement « la Renaissance » par l'essor de la science et l'ébranlement de la foi. On voit aujourd'hui ce qu'il en faut penser : c'est en plein « Moyen Age » qu'est née la Science.

ALBERT DUFOURCQ.

1. ↑ Pierre Duhem, *Études sur Léonard de Vinci. Ceux qu'il a lus et ceux qui l'ont lu.* Première série, 1906 ; seconde série, 1909. Paris, Hermann (Une troisième série paraîtra en 1913) ; *l'Évolution de la Mécanique.* Paris, 1903 ; *les Origines de la Statique.* Paris, 1900 ; ΣΩZEIN TA ΦAINOMENA. *Essai sur la notion de théorie physique de Platon à Galilée.* Paris, 1908 ; *le Mouvement absolu et le mouvement relatif.* Paris, 1909 ; *la Théorie physique, son objet et sa structure.* Paris, 1906. — Cf. Raffaello Caverni, *Storia del metodo sperimentale in Italia.* Firenze, 1893, 6 vol.

2. ↑ Terre, eau, air, feu.

3. ↑ Il faut bien comprendre, en effet, que l'*astrologie est la nécessaire conséquence de l'aristotélisme* : les mouvemens du monde sublunaire sont strictement commandés par les mouvemens des sphères.

4. ↑ Johannes Canonicus, *Quaestiones super VIII Physicorum libros Aristotelis*, livre III, quest. 1, art. 1-3 ; livre IV, quest. 5. Ad secund. art. — Cette théorie scotiste, qui annonce, on le voit, certaines théories de M. Bergson, dérive d'une doctrine de Damascius ; elle est acceptée plus ou moins complètement par Buridan et Albert de Saxe, Paul de Venise et Gaétan de Tiène. Elle est rejetée par Guillaume d'Ockam et Grégoire de Rimini : ceux-ci gardent seulement les théories de Scot touchant le rôle du lieu dans le mouvement local, l'immobilité du lieu, la localisation de l'orbite suprême.

5. ↑ Voyez sa traduction avec commentaire du traité *du Ciel et du Monde d'Aristote* [Bibl. Nat. fr. 565 et 1083], livre II, 25. Cf. Duhem, *Un précurseur français de Copernic : Nicole Oresme* (1377), dans la *Revue générale des Sciences* du 15 novembre 1909.

6. ↑ Richard de Middletown écrivait en 1281 son *Commentaire aux Sentences* ; Guillaume, né à Ockam (Surrey) vers 1280, mort à Munich, 1349 : curé de Langton (?), il se fait franciscain, étudie à Oxford, enseigne à Paris, vers 1312-1322 ; à partir de 1323-24, sa querelle avec les papes l'absorbe. Démolissant le Scotisme, tournant le dos au Thomisme, il a exercé une influence considérable. De ces deux franciscains rapprocher le fameux Roger Bacon, 1215(?)-1294, Guillaume Ware vers 1300 ; son élève Dun Scot, 1275-1308 ; l'élève de Scot, Jean de Rassois ; Peckham, Robert Kilwarby ; la plupart des Augustiniens. À l'origine de ce courant franciscain anglais anti-péripatéticien, placer Robert Grossetête (1175-1233) et son élève Adam Marsh, au milieu du XIIIe siècle ; étaient-ils en relations avec l'école des Jordan et les Magistride Ponderibus ? Voir le Commentateur péripatéticien de Jordan l'Ancien.

Sur ces questions, sur l'audacieuse entreprise de Damascène, d'Albert le Grand, de saint Thomas et des Dominicains, voir mon volume : *le Christianisme et l'organisation féodale* [*Avenir du Christianisme*, I. 6]. Paris, Bloud, 1911, *passim*.

7. ↑ Voyez la polémique d'Achillini contre Capuano, commentateur enthousiaste de Peurbach et de Ptolémée [1495, *Theorice nove planetorum*] : Achillini tient pour la vérité objective d'Aristote [1494, *Quatuor libri de orbibus*]. Pour tous deux, la vérité absolue peut être

atteinte : l'accord avec l'expérience est le critère du succès, de la vérité, pense le Ptoléméen Capuano ; l'accord avec la Physique péripatéticienne, riposte l'Aristotélicien Achillini, donne seul cette garantie.

8. ↑ La théorie relativiste des Parisiens est conservée, à Paris, par Louis Coronel et par Lefèvre d'Etaples : voyez l'*Introductorium astronomicum* de celui-ci, 1503, les *Physice perscrutaliones* du premier, 1511. — La théorie réaliste, objective, est reprise par les disciples du Ptoléméen Capuano [l'accord avec l'expérience est le critère du vrai], et surtout par les Aristotéliciens Nifo en 1314 [*Aristotelis... de Coelo et mundo libri IV.* Venetiis], Fracastor en 1535 [*Homocentricorum liber unus*], Amico de Cosenza en 1536 [*De motibus corporum cœlestium*] : pour eux, l'accord avec Aristote est le critère du vrai.

9. ↑ Son livre ne fut publié qu'en 1544.

10. ↑ Le livre ne fut publié par Copernic qu'à sa mort, en 1543, sur les instances du cardinal Schomberg ; Paul III en avait accepté la dédicace. — Copernic est né en 1473. Novara de Bologne a été l'un de ses maîtres.

11. ↑ C'est l'idée, assez saugrenue, que se forge de la méthode expérimentale le pauvre chancelier Bacon !

12. ↑ « Dire qu'en supposant la Terre en mouvement et le Soleil immobile, *on sauve toutes les apparences* mieux que ne le pourraient faire les excentriques et les épicycles, *c'est très bien dire* ; cela n'offre aucun danger, et cela suffit au mathématicien. Mais vouloir affirmer que le Soleil demeure réellement immobile... » Lire toute cette lettre à Foscarini dans D. Berti : *Copernico e le vicende del sistema copernicano...* Roma ; 1876, p. 121-125. — La conversation de Barberini [qui va devenir Urbain VIII] avec Galilée a été rédigée par le cardinal Oregio, qui était présent [Oregius : *De Deo uno*, 1629, p. 194]. Nul doute que les haines encourues par Galilée n'aient concouru à sa condamnation. Voyez Favaro, *Galileo e l'Inquisizione. Documenti...* Firenze, 1907, in-4, 165 p.

13. ↑ William Gilbert, 1540-1603, peut être considéré comme son précurseur. La *Philosophie Aimantique*, publiée seulement en 1651, prouve que Gilbert croit à l'unité de la dynamique, — tout en admettant que les astres forment des mondes régis chacun par sa pesanteur [gravité astrale, conçue comme l'action de l'aimant sur le fer], et animés chacun par une âme ; surtout, il montre que les planètes subissent, de la part du Soleil, une action normale au rayon vecteur qui va du centre du Soleil à la planète.

14. ↑ Voyez son *Mysterium Cosmographicum*, 1596 ; son *Apologia Tychonis* vers 1600-1601 [contre Rymer Baer qui outre le relativisme parisien en

son *de hypothesibus astronomicis, 1597]*, et son *Epitome Astronomiæ Copernicanæ.*

47